咖啡调制技能训练

KAFEI TIAOZHI JINENG XUNLIAN

主　编　吕　波

副主编　韩　磊

U0280928

西北大学出版社

·西安·

图书在版编目（CIP）数据

咖啡调制技能训练／吕波主编．—西安：西北大学出版社,2021.1

ISBN 978-7-5604-4699-8

Ⅰ．①咖…　Ⅱ．①吕…　Ⅲ．①咖啡—配制　Ⅳ．①TS273

中国版本图书馆 CIP 数据核字（2021）第 026768 号

咖啡调制技能训练

主　　编	吕　波	
出版发行	西北大学出版社	
地　　址	西安市太白北路 229 号	
邮　　编	710069	
电　　话	029-88303042	
经　　销	全国新华书店	
印　　装	西安日报社印务中心	
开　　本	787 毫米×1092 毫米　1/16	
印　　张	7.5	
字　　数	119 千字	
版　　次	2021 年 2 月第 1 版　2021 年 2 月第 1 次印刷	
书　　号	ISBN 978-7-5604-4699-8	
定　　价	19.00 元	

前　言

本教材以"基于工作过程"的职业教育理念为编写原则,采用校企合作的编写方式,根据行业专家对酒店管理专业所涵盖的岗位群进行工作任务和职业能力分析,以本专业共同具备的岗位职业能力为依据,遵循学生认知规律,结合行业对咖啡师岗位的技能要求,确定了11项任务作为教材主要内容。以完成工作任务为载体,以培养学生具备从事相关工作的职业能力为目标,实现教学与实际工作岗位的零距离衔接,从而通过教学活动来践行"职业教育就是就业教育"的教育理念。

本书由吕波担任主编,韩磊担任副主编,具体编写分工如下:任务一、二、三由陕西工商职业学院吕波编写;任务四、五由陕西工商职业学院王俊峰编写;任务六、七由西安金比亚职业技能培训学校韩磊编写;任务八由陕西工商职业学院邱景编写;任务九由陕西工商职业学院李静静编写;任务十由西安金比亚职业技能培训学校吴少梅编写;任务十一由西安金比亚职业技能培训学校叶艳萍编写。全书由吕波拟写提纲及统稿。本教材在编写的过程中,得到多位咖啡行业专家的大力帮助和支持,书中部分内容和图片源于网络,在此一并表示衷心的感谢。

本书适用于高等职业院校的酒店管理、旅游管理专业及其他相关专业教学使用,还可以作为职业培训学校和自学者的参考用书。

目 录
Contents

任务六

科纳咖啡——比利时皇家咖啡壶制作方法

任务七

云南铁皮卡咖啡——越南滴滤壶制作方法

任务八

意大利浓缩咖啡——半自动意式咖啡机制作方法

任务九

经典花式咖啡——卡布奇诺咖啡制作方法

任务十

经典花式咖啡——维也纳咖啡制作方法

任务十一

经典花式咖啡——皇家咖啡制作方法

巴西咖啡——手冲制作方法

学习目标

你需要了解的知识

了解巴西咖啡的相关知识

掌握手冲咖啡的技巧与原理

了解咖啡的起源

你需要掌握的技能

熟练运用手冲方法制作咖啡

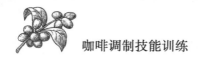

巴西——咖啡帝国

巴西地处西半球拉丁美洲地区,位于南美洲东部、大西洋西岸,领土绝大部分位于赤道和南回归线之间,是世界上热带范围最广的国家。境内 $\frac{1}{3}$ 属热带雨林气候, $\frac{2}{3}$ 属热带草原气候,优越的热带自然条件非常适宜热带经济作物——咖啡的生长与生产。

巴西充分利用地处热带的地理环境,重视咖啡的生产与销售,使咖啡的产量、出口量、人均消费量多年来一直雄踞世界榜首,被世人誉为"咖啡王国"。咖啡传入巴西是 18 世纪以后的事,1727 年,咖啡由圭亚那传入巴西贝伦港,从此便在巴西安家落户,主要分布在巴西的东南沿海地区,即圣保罗、巴拉那、圣埃斯皮里托、米纳斯吉拉斯等 4 个州。近 30 年来,随着巴西现代工业,特别是钢铁、造船、汽车、飞机制造等工业的崛起和大力发展,咖啡在国民经济中的地位逐年下降,但它仍是巴西的经济支柱之一,巴西现在仍是世界上最大的咖啡生产国和出口国。巴西咖啡如图 1 -1 所示。

图 1 -1 巴西咖啡

工艺流程

冲煮方法介绍——器具准备——原料选择——详细制作方法

一、冲煮方法介绍

手冲式咖啡又称为过滤式咖啡，是"第三波"即当今精品咖啡时代最流行的咖啡冲泡方式。过滤完成的咖啡清淡、滑口，虽醇度不高，但却别具风味，很多咖啡店以此方法作为制作单品咖啡的主要方式。

二、器具准备

➢ 手冲壶

手冲壶的种类很多，一般建议初学者从壶嘴内径 5mm 以下的细口壶入手（图 1-2），壶嘴细且长，方便倒出细长且稳定的水流。

图 1-2 手冲壶

➢ 滤杯和滤纸

如图 1-3 所示，滤杯的分类标准很多，按照材质可以分为陶瓷、铜质和塑料，按照孔洞数量可以分为单孔、双孔、三孔和多孔。滤杯底部有孔，加上滤纸分次注入热水，咖啡液会慢慢滴入杯中。

图 1-3 滤杯和滤纸

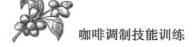

➢ 分享壶

如图1-4所示,分享壶是用来接咖啡液的器具,一般是玻璃材质,可以很好地观察咖啡汤色。分享壶最好印有刻度,以便控制水量。

图1-4　分享壶

➢ 手动咖啡研磨机

手动咖啡研磨机如图1-5所示,咖啡研磨最理想的时间是在制作之前才研磨,因为磨成粉的咖啡容易氧化散失香味。手动咖啡研磨机价格便宜,体积小且重量轻,可以调节和固定研磨度,能研磨出适合不同咖啡器具使用的咖啡粉。

图1-5　手动咖啡研磨机

➢ 咖啡量勺

咖啡量勺(图1-6)的容积一般为20 ml,一勺咖啡豆大约10~15 g,一勺咖啡粉大约7~8 g。

图1-6 咖啡量勺

三、原料选择

➢ 巴西圣多斯咖啡豆(图1-7):每杯12~15 g

图1-7 巴西圣多斯咖啡豆

巴西咖啡种类繁多。巴西所产的咖啡豆从外观上看,颗粒从中型到大型都有,但不带绿色。其栽培品种主要是阿拉比卡种(Arabica),绝大多数是未经清洗而且是晒干的,其中产自巴西圣保罗的圣多斯咖啡(Rossis Coffee)最出名。它的口感香醇、中性,可以直接冲煮,亦是最好的调配用豆,被誉为咖啡之中坚。

圣多斯咖啡总体带有一种调和平稳的香气,其中包含着干枣的果实香,包含着肉桂、肉豆蔻以及泥土香。初品圣多斯感受到的是一种均衡,接着明显的弱酸味扩散出来,最后则有醇苦的余香残留。

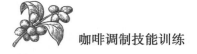

➤ 研磨度：中细研磨

如图 1 - 8 所示，咖啡粉研磨的粗细程度与颗粒砂糖相当，是市售咖啡最多见的、通常的颗粒度。

图 1 - 8　中细研磨

➤ 适量热水：每杯 150 ml

四、详细制作方法

手冲咖啡的制作方法可分为 10 个步骤，如图 1 - 9 所示。

（1）顺着滤纸的结合边，分别从正反面将滤纸底部与侧边折起来。

（2）将滤纸平整地放入滤杯之内，并且稍微将其压至滤杯底部。

（3）将咖啡豆放入咖啡研磨机豆缸，调整研磨机刻度，研磨出中细咖啡粉。

（4）向滤杯中注入少许热水，将滤纸湿润同时温杯。

（5）先将温杯的水倒掉，再将磨好的咖啡粉倒入滤纸中。

（6）用小汤勺或是手指在咖啡粉中间挖一个坑洞，坑洞的直径约为咖啡粉覆盖的圆形直径的 $\frac{1}{2}$，而深度则比直径略浅些。

（7）从坑洞的中间注入小量而稳定的热水，同时以顺时针的方向往外绕，绕至咖啡粉边缘时停止。

（8）静置 30 秒（这个过程称为焖蒸）。若咖啡豆是新鲜的，就会看到略微膨胀起来的咖啡粉；反之就会看到中间整个塌陷的咖啡粉。

（9）焖蒸结束后再次注水，这次的注水方式与步骤（6）相同，出水量也要稳定不间断,不同的是绕到边缘之后要再绕回中心,如此来回循环3～4次便可停止注水。待咖啡流到足够的量便立即移开滤杯,完成整个冲泡动作。

(10)清洁。

图1-9　手冲咖啡制作流程

➤ 注水方式

一般咖啡的注水方式可分为两种:一种是顺时针绕出、逆时针绕回的注水方式,如图1-10所示;另一种是顺时针绕出、顺时针绕回的注水方式,如图

1 - 11所示。

图 1 - 10　注水方式 1　　　　　　图 1 - 11　注水方式 2

➢ 冲煮小技巧

（1）使用手冲壶的要点是出水量要稳定而连续，不要忽大忽小或断水，更不要用很大的水柱去冲咖啡。注水必须通过多次练习才能熟练，同时要把"温柔地冲煮"这一点牢记在心。

（2）最好准备一个温度计来测量冲煮的水温。冲煮浅焙的豆子时尽量让水温在 90 ~ 95 ℃，而深焙的豆子则在 85 ~ 90 ℃。不同的豆子与不同的烘焙深浅皆有其适合的温度，需要多尝试才可确定。

（3）尝试不同的绕圈方式，可以从头到尾全部绕一个方向，也可以绕出去的时候顺时针，绕回来的时候逆时针。此外，焖蒸的次数与时间长短也可以尝试做一些改变。

（4）焖蒸的目的是拉长浸泡时间，让咖啡豆中的风味可以被更完整地萃取出来，也是顺应滤冲式流速快、浸泡时间短的特点，所以焖蒸的次数与时间都可以依照咖啡粉的粗细而调整。若是整个注水过程不间断，同时非常稳定地拉长注水时间，也可以尝试不使用焖蒸。

（5）注入的水量可以比预定的量多一些。例如，想要冲出 150 ml 的咖啡时，可以注入 200 ml 的水，一方面是咖啡粉会吸收一部分的水，另一方面，在滤杯中留存一定的水量可以使整个冲煮过程因为上方有足够的水压而保持一致的流速，避免最后一部分的水在咖啡粉中停留过久。

服务过程

步骤一：制作完毕后，服务人员把巴西圣多斯咖啡放入托盘，同时还要放置杯垫、咖啡勺及餐巾纸。

步骤二：服务人员左手轻托已备好的巴西圣多斯咖啡的托盘，稳步走到客人桌前。服务人员要面带微笑，行走过程中要稳要轻。

步骤三：服务人员到客人桌前站稳后，首先将杯垫放在客人桌上（客人的正前方），然后把巴西圣多斯咖啡放在杯垫上，再后把餐巾纸放在客人的右手边，与巴西圣多斯咖啡水平放置距离为1cm。

步骤四：放好之后，服务人员有礼貌地说："这是您点的巴西圣多斯咖啡，请慢用。"如客人没有提出其他要求，服务人员可以离开，离开时应先退后一步或两步（根据场地的大小），再转身离开。

相关知识

一、什么是咖啡

咖啡（Coffee），是用经过烘焙磨粉的咖啡豆制作出来的饮料。作为世界三大饮料之一，其与可可、茶同为流行于世界的主要饮品。咖啡树属茜草科多年生常绿灌木或小乔木，日常饮用的咖啡是用咖啡豆配合各种不同的烹煮器具制作出来的，而咖啡豆就是指咖啡树果实里的果仁，再用适当的方法烘焙而成。由咖啡豆种子到成品咖啡的过程如图1-12所示。

二、咖啡树最早的产地

植物学家和业界公认咖啡树最早的产地是埃塞俄比亚的咖法省（Keffa）。埃塞俄比亚是位于非洲东北部的内陆国，境内多湖泊、河流，水利资源丰富，被称为"东非水塔"。其国名源于希腊语，意为"晒黑了的面孔""被太阳晒黑的人聚居的土地"。

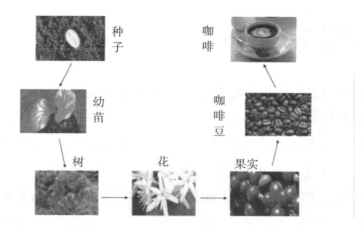

图 1 - 12　咖啡的一生

埃塞俄比亚人早在 6 世纪就已经知道咖啡的提神功用,而红海对面的阿拉伯国家却在数百年后才觉知此事。

三、咖啡起源的传说

关于咖啡起源有种种不同的传说,其中,最普遍且为大众所乐道的是"牧羊人的故事"和"欧玛的故事"。

1. 牧羊人的故事(图 1 - 13)

图 1 - 13　牧羊人的故事

6世纪前后,在埃塞俄比亚的高原上,有一天牧羊人卡尔看到山羊都显得无比兴奋,他觉得很奇怪,后来经过细心观察,他发现这些羊是吃了某种红色果实才兴奋不已的。卡尔好奇地尝了一些,发觉食后自己也觉得精神爽快,兴奋不已,便顺手将这种不可思议的红色果实摘了些带回家,分给修道院的人们吃,他们吃完后都觉得神清气爽,这种红色果实的神奇效力也就因此流传开来。

2. 欧玛的故事(图1-14)

1258年,因犯罪而被族人驱逐出境的僧侣欧玛,流浪到离故乡摩卡很远的瓦萨巴(位于阿拉伯)时,已经饥饿疲倦到再也走不动了。当时他坐在树下休息,竟然发现一只鸟飞来停在枝头上,啄食果实,并以一种他从未听过且极为悦耳的声音啼叫着。于是他便将果实采下放入锅中加水熬煮,竟散发出浓郁的香味,不但好喝,饮用后原本疲惫的感觉随之消除,元气十足。于是他便采了许多这种神奇果实,遇到有人生病就将果实熬成汤汁给他们饮用。由于他四处行善,故乡的人便原谅了他的罪行,让他回到摩卡,并推崇他为"圣者"。

图1-14　欧玛的故事

小组合作完成手冲咖啡技能训练,并按下表要求进行相应的评价。

手冲咖啡实训评价表

姓名_____ 班级_____ 综合评价_____

实训项目	权重	实训要点及标准	得分	学生评价	教师评价
咖啡器具准备及材料	10分	按要求准备器具及材料 器具:滤杯、滤纸、咖啡勺、手动磨豆机、咖啡壶、咖啡杯 材料:咖啡豆、水			
技能操作	50分	1. 顺着结合边,分别从正反面将滤纸底部与侧边折起来　　　　　　　　　　　　　　(5分)			
		2. 折好后将滤纸平整地放入滤杯之内,并且稍微将其压到滤杯底部　　　　　　　　(5分)			
		3. 研磨咖啡豆,趁咖啡豆机运作的时间注入少许热水到滤杯中,将滤纸湿润同时温杯　(5分)			
		4. 先将温杯的水倒掉,再将磨好的咖啡粉倒入滤纸中　　　　　　　　　　　　　　(5分)			
		5. 用小汤勺或是手指在咖啡粉中间挖一个坑洞,坑洞的直径约为咖啡粉覆盖的圆形直径的 $\frac{1}{2}$,而深度则比直径略浅些　　　　　　　　　　　　　(5分)			
		6. 从坑洞的中间注入小量而稳定的热水,同时以顺时针的方向往外绕,绕至咖啡粉边缘时停止　(5分)			
		7. 静置30秒(这个过程称为焖蒸)。若咖啡豆是新鲜的,就会看到略微膨胀起来的咖啡粉;反之就会看到中间整个塌陷的咖啡粉　　　　(5分)			

续表

实训项目	权重	实训要点及标准	得分	学生评价	教师评价
技能操作	50分	8.焖蒸结束后再次注水,这次的注水方式与步骤6相同,出水量也要稳定不间断,不同的是绕到边缘之后要再绕回中心,如此来回循环3~4回便可停止注水。待咖啡流到足够的量便立即移开滤杯,完成整个冲泡动作 （5分）			
		9.清理物品 （5分）			
		10.要求操作程序规范、操作手法熟练 （5分）			
效果	15分	成品是否达到标准:咖啡液看上去清澈光亮,无杂质。成品清洁美观			
口味	10分	检查咖啡口味是否合适:咖啡的口感苦、酸、醇味道比较适中,有较香的咖啡味道			
全程时间	5分	全程不要超过5分钟			
服务	10分	礼仪规范,服务标准			

任务二

摩卡咖啡——法压壶制作方法

学习目标

🔘 **你需要了解的知识**

了解摩卡咖啡的相关知识

掌握法压壶的冲泡原理

了解咖啡的种植条件

🔘 **你需要掌握的技能**

熟练运用法压壶制作咖啡

摩卡港

　　一百多年以前，整个中东非咖啡国家海上运输业并不发达，也门摩卡是当时红海附近主要港口，大部分非洲产的咖啡豆都是先运送到摩卡港(图2-1)集中，再出口到欧洲地区。当时把集中到摩卡港的非洲咖啡统称为摩卡咖啡，其中最主要的产地是也门和埃塞俄比亚，也就是我们所说的也门摩卡、埃塞俄比亚摩卡。百年后的今天，非洲咖啡国家已逐渐有了自己的输出港口，不再依赖摩卡港，摩卡港也因泥沙积淤退至内陆，但人们仍然习惯称埃塞俄比亚咖啡和也门咖啡为摩卡咖啡。摩卡种的咖啡最大的味觉特点就是具有浓郁的巧克力风味。

图2-1　摩卡港

工艺流程

　　冲煮方法介绍——器具准备——原料选择——详细制作方法

一、冲煮方法介绍

法压壶是由法国人在 1850 年发明的。由于法压壶结构简单、使用方便和易于清洗,至今仍然非常流行,并被广泛使用。法压壶制作咖啡采用浸泡的方式,通过水与咖啡全面接触的焖煮法,来释放出咖啡的精华。因其能很好还原咖啡的原味,故常被专业人士用来做杯品(Cupping),也被广大咖啡爱好者用来在家、办公室及旅行中制作咖啡。

二、器具准备

➢ 法压壶

如图 2 - 2 所示,法压壶(Frech Press)也称法式压滤壶,是一种通常由耐热玻璃瓶身和带压杆的金属滤网(活塞)组成的简单冲泡器具。它还被广泛用于冲茶,故也被称为冲茶器。

图 2 - 2　法压壶

➢ 电动式咖啡研磨机

电动式咖啡研磨机(图 2 - 3)通常采用平面式锯齿刀,由两片环状的刀片组成,四周布满锋利的锯齿。启动后,咖啡豆被带进刀片之间,瞬间被切割、碾压成细小的微粒。研磨机上标有研磨度,数字越小磨出的咖啡粉越细,数字越大磨出的咖啡粉越粗。

图 2 - 3　电动式咖啡研磨机

➤ 咖啡搅拌棒

如图 2 - 4 所示,咖啡搅拌棒,一般长 20 cm,宽 2.8 cm,材质有木质、竹质等,主要用于咖啡制作时搅拌咖啡粉,让咖啡粉和水融合,使咖啡萃取更充分。

图 2 - 4　咖啡搅拌棒

➤ 咖啡量勺

如图 2 - 5 所示,咖啡量勺任务一已详细介绍,此处不再赘述。

图 2 - 5　咖啡量勺

➢ 手冲壶

如图 2 - 6 所示,手冲壶任务一已详细介绍,此处不再赘述。

图 2 - 6　手冲壶

三、原料选择

➢ 中度烘焙摩卡耶加雪菲咖啡豆(图 2 - 7):每杯 10 ~ 12g

水洗的耶加雪菲(Yirgacheffe)是最好的高山种植咖啡之一,是东非精品咖啡(Specialty Coffee)的代表,年均产量约 28 000 吨,比较少见且昂贵,出产于埃塞俄比亚西达摩省(Sidamo)海拔 2 000 ~ 2 200 m 的高原地带,在一个比较高且狭小的地区。它有着很特别、不寻常的柑橘果香、柠檬风味及花香,中度烘焙具有柔和的酸味,深度烘焙则散发出浓郁香味。

图 2 - 7　耶加雪菲

➢研磨度:粗研磨

如图2-8所示,咖啡粉研磨的粗细程度相当于粗粒砂糖,最适合直接用开水煮的冲泡方法。

图2-8　粗研磨

➢适量热水:每杯150ml

四、详细制作方法

法压壶制作咖啡的制作方法可分为8个步骤,如图2-9所示。

(1)取出法压壶活塞并倒入热水,法压壶温热后将水倒出。

(2)将粗研磨咖啡粉倒入法压壶并摇匀。

(3)用打圈的方式注入90~92℃左右热水,咖啡粉和热水的比例大约为1:1。

(4)第一次搅拌:搅拌5下左右,粉水混合即可,静置3分钟。

(5)第二次搅拌:搅拌5下左右,表面出现棕色细致泡沫,盖上活塞静置1分钟。

(6)压下活塞:慢慢压下活塞即可。

(7)入杯:完成制作。

(8)清洁。

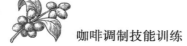

图 2-9　法压壶制作咖啡流程

服务过程

步骤一：制作完毕后，可以整壶出品，把法压壶放入托盘，同时还要放置咖啡杯与杯垫、咖啡勺及餐巾纸。

步骤二：服务人员左手轻托已备好的耶加雪菲咖啡的托盘，稳步走到客人桌前。服务人员要面带微笑，行走过程中要稳要轻。

步骤三：服务人员到客人桌前站稳后，首先将杯垫放在客人桌上（客人的正前方），然后把咖啡杯放在杯垫上，再后把餐巾纸放在客人的右手边，与咖啡杯水平放置距离为 1 cm。

步骤四：放好之后，服务人员有礼貌地说："这是您点的法压耶加雪菲，请慢用。"如客人没有提出帮忙倒出的要求，服务人员可以离开，离开时先退后一步或两步（根据场地的大小），再转身离开。

相关知识

一、咖啡的种植条件

咖啡不是在任何环境下都能种植的，因其原是热带雨林环境下生长的植物，在系统发育中，形成需要静风、温凉、荫蔽或半荫蔽及湿润环境的习性，所以咖啡对种植条件有严格的要求（图 2－10）。我们把赤道和南北纬25°之间适合咖啡生长的条状区域称为咖啡带，涵盖了中非、东非、中东、印度、南亚、太平洋地区、拉丁美洲、加勒比海地区的多数国家。

咖啡树生长的理想自然条件有以下 4 点，这些位于咖啡种植区的产地几乎都具备了这些条件。

（1）四季温暖如春（18 ～ 25℃），适中的降雨量（年降水量 1 500 ～ 2 250 mm）。

（2）日照充足，通风、排水性能良好的土地。

图 2 - 10　咖啡种植条件

（3）火山岩质的土壤最适宜咖啡栽培。

（4）绝对没有霜降及冰雹。

产地的海拔因地区而有所不同，但由于温度要保证在 20℃ 左右，所以大都分布在海拔 200～2 000 m 地区，一般认为低洼地不适宜栽培咖啡。

二、咖啡的传播

咖啡的传播轨迹如图 2 - 11 所示。

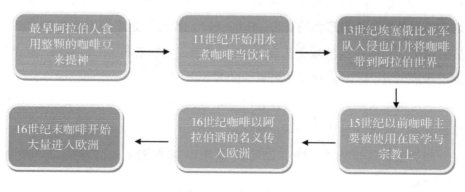

图 2 - 11　咖啡传播

检测与反馈

　　小组合作完成法压壶咖啡技能训练,并按下表要求进行相应的评价。

法压壶咖啡实训评价表

姓名_____　　班级_____　　　　　　　　　　综合评价_____

实训项目	权重	实训要点及标准	得分	学生评价	教师评价
咖啡器具准备及材料	10分	按要求准备器具及材料 器具:滤杯、滤纸、咖啡勺、手动磨豆机、咖啡壶、咖啡杯 材料:咖啡豆、水			
技能操作	50分	1. 一次搅拌充分混合,时间是否掌握在3分钟内 　　　　　　　　　　　　　　　　　(10分)			
		2. 二次搅拌充分混合,时间是否掌握在1分钟内 　　　　　　　　　　　　　　　　　(10分)			
		3. 下压结束动作是否缓慢　　　　(10分)			
		4. 倒入杯中(8分满)　　　　　　(10分)			
		5. 要求操作程序规范、操作手法熟练　(10分)			
效果	15分	成品是否达到标准:咖啡液看上去清澈光亮,无杂质,成品清洁美观			
口味	10分	检查咖啡口味是否合适:咖啡的口感苦、酸、醇味道比较适中,有较香的咖啡味道			
全程时间	5分	全程不要超过5分钟			
服务	10分	礼仪规范,服务标准			

蓝山咖啡——虹吸壶制作方法

学习目标

你需要了解的知识

了解蓝山咖啡的相关知识

掌握虹吸壶的冲煮原理

了解咖啡的分类

你需要掌握的技能

熟练运用虹吸壶制作咖啡

咖啡贵族——蓝山咖啡名字的由来

蓝山咖啡(Blue Mountain Coffee)产于加勒比海的牙买加岛,该岛横亘着许多山脉,这些山脉斜坡就是牙买加咖啡的主要产地。而位于牙买加首都东北方的蓝山,只是这些山脉中的一座山峰。蓝山(图3-1)最高峰海拔2 256 m,是加勒比地区的最高峰,也是著名的旅游胜地。这座山之所以有这样的美名,是因为从前抵达牙买加的英国士兵看到山峰笼罩着蓝色的光芒,便大呼:"看啊,蓝色的山!""蓝山"从此得名。实际上,牙买加岛被加勒比海环绕,每到晴朗的日子,灿烂的阳光照射在海面上,远处的群山就会因为蔚蓝海水的折射而笼罩在一层幽幽淡淡的蓝色氛围中,显得缥缈空灵,颇具几分神秘色彩。

牙买加产的蓝山咖啡因其十分昂贵,故被称为咖啡中的贵族。蓝山咖啡之所以如此珍贵,是因为它兼具了先天的优良血统(全采用优质阿拉比卡种咖啡)和后天的绝佳环境,从选种、种植、采收、加工分级到包装出口,都由牙买加当局严格控制质量。蓝山咖啡90%以上都销往日本。蓝山咖啡的咖啡因含量很低,还不到其他咖啡的一半,符合现代人的健康观念。蓝山咖啡口感平衡,几乎集咖啡所有的优点于一身。

图3-1 蓝山

 工艺流程

冲煮方法介绍——器具准备——原料选择——详细制作方法

一、冲煮方法介绍

虹吸式咖啡壶,又称为塞风壶(Syphon)。它是由苏格兰海军工程师罗伯特·奈菲尔(Robert Napier)在 1840 年发明的。虹吸式咖啡壶虽然叫"虹吸壶",但它却与虹吸原理无关,而是利用空气热胀冷缩原理,水加热后产生水蒸气将下杯的热水推至上杯,待下杯冷却后产生负压再把上杯的水吸回。

虹吸式咖啡壶具有出品温度高,能相对较好地还原咖啡风味及观赏性高的优点。由于虹吸式咖啡壶较适合制作单品咖啡,故在咖啡经营场所被大量采用,作为制作单品咖啡的主要器具。

二、器具准备

➢ 虹吸壶

如图 3 - 2 所示,虹吸壶的结构包括上座支架、上杯、上座足管、下杯、支架和酒精灯。目前市场上以 Cone 公司生产的虹吸壶最为有名,所以西方国家也习惯将它称为"Cone"或"Vacuum Pot"(真空壶)。虹吸壶按出品杯份大致可分为:二人份、三人份和五人份 3 种。其分别用来出品一杯份、二杯份和三杯份咖啡。

图 3 - 2　虹吸壶

➤ 加热用火源

虹吸壶的加热火源,目前有两种较为普遍,一种是较传统的酒精灯(图3－3),另一种是电加热的虹吸壶专业加热器(图3－4)。

图3－3　酒精灯　　　　　　　图3－4　虹吸壶专用加热器

➤ 电动式咖啡研磨机

如图3－5所示,电动式咖啡研磨机任务二已详细介绍,此处不再赘述。

图3－5　电动式咖啡研磨机

➤ 咖啡搅拌棒

如图3－6所示,搅拌棒任务二已详细介绍,此处不再赘述。

图3－6　搅拌棒

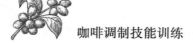

➢ 咖啡量勺

如图 3 - 7 所示,咖啡量勺任务一已详细介绍,此处不再赘述。

图 3 - 7　咖啡量勺

➢ 干/半干毛巾各一条

三、原料选择

➢ 蓝山咖啡豆(图 3 - 8):每杯 10 ~ 12 g

蓝山咖啡是最负盛名的咖啡品种,是咖啡中的极品,拥有所有好咖啡的特点,不仅口味浓郁香醇,而且由于咖啡的甘、酸、苦味搭配完美,所以完全不具苦味,仅有适度而完美的酸味,一般都是单品饮用。但是因产量少,价格昂贵,所以市面上一般以味道近似的咖啡调制,被称为蓝山风味咖啡。蓝山咖啡豆形状饱满,比一般豆子稍大。

图 3 - 8　蓝山咖啡生豆

➢ 研磨度:中细研磨

如图 3 - 9 所示,咖啡粉研磨的粗细程度与颗粒砂糖相当,是市售咖啡最多见的、通常的颗粒度。

图 3-9　中细研磨

➢ 适量热水

四、详细制作方法

虹吸壶咖啡的制作方法可分为 17 个步骤,如图 3-10 所示。

(1)组装虹吸壶滤器:拉动珠链至虹吸管口并挂上,切忌拉得过长。

(2)目测加水:按杯量及目测方法在虹吸壶下杯加入热水。

(3)擦拭下杯:干毛巾擦拭,以防止熏黑下座。

(4)大火加热:至珠链挂水珠。

(5)斜插上杯:注意水膜形成。

(6)小火侧烧:不对下杯中间加热。如酒精灯加热用双酒精灯。

(7)磨粉:根据要求选择中细磨粉度磨粉。

(8)插正上杯:下杯水呈大水泡并上升至上座时插正上杯。

(9)入粉:将研磨好的咖啡粉倒入上座,入粉即计时。

(10)第一次搅拌:入粉即第一次搅拌,每次搅拌控制在 3 秒以内。

(11)焖煮:注意闻香,计时 30 秒。

(12)第二次搅拌:按要求计时到规定时间。

(13)焖煮:注意闻香,计时 20 秒。

(14)关火:按要求计时到规定时间关火。

(15)拨出上杯:轻摇后拨出。

(16)将咖啡倒入温过的咖啡杯中。

(17)清洁:虹吸壶应放凉后再清洁。滤器注意反冲。

图 3 – 10　虹吸壶制作咖啡过程

步骤一：制作完毕后，倒入标准咖啡杯中，放入托盘，同时配置糖包、奶粒球、咖啡勺及餐巾纸。

步骤二：服务人员左手轻托已备好的蓝山咖啡的托盘，稳步走到客人桌前。服务人员要面带微笑，行走过程中要稳要轻。

步骤三：服务人员到客人桌前站稳后，首先将杯垫放在客人桌上（客人的正前方），然后把咖啡杯放在杯垫上，再后把餐巾纸放在客人的右手边，与咖啡杯水平放置距离为1cm。

步骤四：放好之后，服务人员有礼貌地说："这是您点的蓝山咖啡，请慢用。"如客人没有提出其他要求，服务人员可以离开，离开时先后退一步或两步（根据场地的大小），再转身离开。

相关知识

一、咖啡树的种类

咖啡树（图3-11）的种类有500多种，品种有6 000多个，其中多数都是热带乔木和灌木。世界上主要的咖啡树有4种，真正具有商业价值而且被大量栽种的只有两种，所产的咖啡豆品质亦优于其他咖啡树所产的咖啡豆。

图3-11　咖啡树

第一种是阿拉比卡种(Arabica),豆产量占全世界产量的70%,世界著名的蓝山咖啡、摩卡咖啡等,几乎全是阿拉比卡种。另一种是罗布斯塔种(Robusta),罗布斯塔咖啡树原产地在非洲的刚果,其产量约占全世界产量的20%～30%。不同品种的咖啡豆有不同的味道,但即使是相同品种的咖啡树,由于不同土壤、不同气候等影响,生长出的咖啡豆也各具独特的风味。阿拉比卡种和罗布斯塔种的比较,如图3－12所示。另外两种为利比里亚种(Liberica)和埃塞尔萨种(Excelsa)。

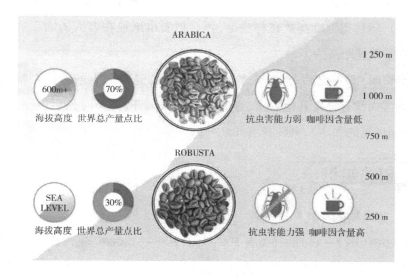

图3－12　阿拉比卡种和罗布斯塔种的比较

二、按我国国家标准对咖啡树的分类

按我国国家标准对咖啡树的分类,主要分为以下5个品种:

(1)小粒种咖啡,即阿拉比卡种,原产于埃塞俄比亚,是世界主要栽培品种。我国主要分布于云南、广东湛江地区。该树种较耐寒、耐旱,产品气味香醇、饮用质量好,但易感染叶锈病。

(2)中粒种咖啡,即罗布斯塔种,原产于非洲刚果热带雨林区。栽培面积仅次于小粒种,我国主要在海南省栽培。该树种不耐强光,不耐风、旱,抗寒力弱,但抗病力强,不易感染叶锈病。产品饮用味浓,刺激性较强。

（3）大粒种咖啡，即利比里亚种，原产于非洲利比里亚，栽培面积小，我国海南省亦有少量种植，适于低海拔、气温较高的地区生长。

（4）埃塞尔萨种，原产于西非洲的查理河流域，果小，单株产量高，尤其是一种耐寒品种，产品味香，稍带苦味，栽培较少，我国目前没有栽培。

（5）阿拉巴斯塔种（Arabusta），是法国咖啡和可可研究所于1962年开始，将罗布斯塔种和阿拉比卡种相互杂交，培育的一个新种，我国目前没有栽培。

检测与反馈

小组合作完成虹吸咖啡技能训练，并按下表要求进行相应的评价。

虹吸咖啡实训评价表

姓名_____　班级_____　　　　　　综合评价_____

实训项目	权重	实训要点及标准	得分	学生评价	教师评价
咖啡器具准备及材料	10分	按要求准备器具及材料 器具:虹吸壶一套、磨豆机、咖啡勺、咖啡杯 材料:咖啡豆、水			
技能操作	50分	1. 准备:底座加水后是否擦拭底面,滤片的清洁是否到位　　　　　　　　　　（5分）			
		2. 水量:底壶加入的水量是否标准　　（5分）			
		3. 水温:扶正虹吸壶上座之前,确定水温是否达到要求　　　　　　　　　　（5分）			
		4. 磨豆机:电动磨豆机应该先开机,再放入咖啡豆　　　　　　　　　　　（5分）			
		5. 研磨:研磨的粗细度是否达到需求标准　（5分）			
		6. 粉量:是否使用量勺确定咖啡使用量（5分）			
		7. 温度控制:底壶水是否匀速上升　　（5分）			

续表

实训项目	权重	实训要点及标准	得分	学生评价	教师评价
技能操作	50分	8.搅拌:搅拌的过程不得太快或太慢,是否稳、均匀 (5分)			
		9.火候及时间:冲煮时候温度的控制,以及整个冲煮时间把控是否到位 (5分)			
		10.温杯:咖啡煮好后倒入杯中,是否温杯 (5分)			
效果	15分	成品是否达到标准:咖啡液看上去清澈光亮,无杂质,成品清洁美观			
口味	10分	检查咖啡口味是否合适:咖啡的口感苦、酸、醇味道比较适中,有较香的咖啡味道			
全程时间	5分	全程不要超过5分钟			
服务	10分	礼仪规范,服务标准			

哥伦比亚咖啡——爱乐压制作方法

学习目标

你需要了解的知识

了解哥伦比亚咖啡的相关知识

掌握爱乐压的冲煮原理

了解咖啡的生长与采摘

你需要掌握的技能

熟练运用爱乐压制作咖啡

被冠以"翡翠咖啡"的哥伦比亚咖啡

1808年，一名牧师从法属安的列斯经委内瑞拉将咖啡首次引入哥伦比亚。今天该国是继巴西后的第二大咖啡生产国，是世界上最大的阿拉比卡咖啡豆出口国，也是世界上最大的水洗咖啡豆出口国。哥伦比亚咖啡（图4－1）是少数冠以国名在世界出售的原味咖啡之一，豆粒大且呈淡绿色，加之优良的品质，因此又被称为翡翠咖啡，烘焙后的咖啡豆会释放出甘甜的香味，具有酸中带甘、苦味中平的品质特性。由政府统辖生产及管理的哥伦比亚咖啡，被公认为世界一流。

图4－1　享誉世界的哥伦比亚咖啡

工艺流程

冲煮方法介绍——器具准备——原料选择——详细制作方法

一、冲煮方法介绍

爱乐压(Aero Press)由美国 AEROBIE 公司于 2005 年正式发布,以其易用、高效、出品咖啡美味等优点一上市就引起强烈反响。该全新的咖啡制作器具是斯坦福大学机械工程讲师艾伦·阿德勒(Alan Adler)(图 4-2)发明的。爱乐压是一种手工制作咖啡的简单器具,结构类似于一个注射器,使用时在其"针筒"内放入研磨好的咖啡和热水,然后压下推杆,咖啡就会透过滤纸流入容器内。它结合了法压壶的浸泡式萃取法,手冲咖啡的滤纸过滤以及意式咖啡的快速、加压萃取原理。爱乐压冲煮出来的咖啡,兼具意式咖啡的浓郁、手冲咖啡的纯净以及法压咖啡的顺口,并可以通过改变咖啡研磨颗粒的大小和按压速度,按自己的喜好调制出不同的风味。除了快速、方便、效果好,它的清洗保养方式也简单到让人吃惊——使用后的清洗时间只需要短短几秒钟。爱乐压还具有体积小、轻便、不易损坏的优点,是相当适合外出使用的咖啡冲煮器具。

爱乐压上市后,也得到咖啡业内人士的推崇,2008 年开始的世界爱乐大赛(WAC,World Aeropress Champion)举办至今。

图 4-2　爱乐压之父——艾伦·阿德勒

二、器具准备

➢ 爱乐压全套

如图4-3所示,爱乐压咖啡制作器共包括6个部分,即壶身、压杆、滤纸盒(含滤纸)、滤器、咖啡粉漏斗和咖啡量勺。

图4-3 爱乐压全套

➢ 手冲壶

如图4-4所示,手冲壶任务一已详细介绍,此处不再赘述。

图4-4 手冲壶

三、原料选择

➢ 哥伦比亚咖啡豆(图4-5):粉水比1:12~1:15

因哥伦比亚一贯注重咖啡产品开发和生产管理,同时其优越的地理条件和气候条件,使得这种咖啡质优味美,誉满全球。哥伦比亚咖啡甘美醇和,还带有酸香、莓香及焦糖的香气,意味十足,给人美感和享受感,是美誉度高且十分流行的咖啡品种。

图4-5 哥伦比亚咖啡豆

> 研磨度:细研磨

如图4-6所示,咖啡粉研磨的粗细程度比通常市售的咖啡粉略细一点,与盐的粗细相当。

图4-6 细研磨

> 86~92℃的热水适量

四、详细制作方法

爱乐压咖啡的制作方法可分为7个步骤,如图4-7所示。

(1)将爱乐压专用滤纸放入滤纸盖,润湿滤纸以更好地贴合盖子。

(2)将滤纸盖安置到滤筒上,然后竖立在坚固的杯子上。

(3)将两勺爱乐压专用量匙细研磨咖啡粉倒进滤筒。

(4)将热水缓慢倒进滤筒至刻度2。

(5)轻柔搅拌约10秒。

(6)湿润橡胶密封塞,将压杆插入滤筒里,轻缓下压约20秒。

(7)清洁。

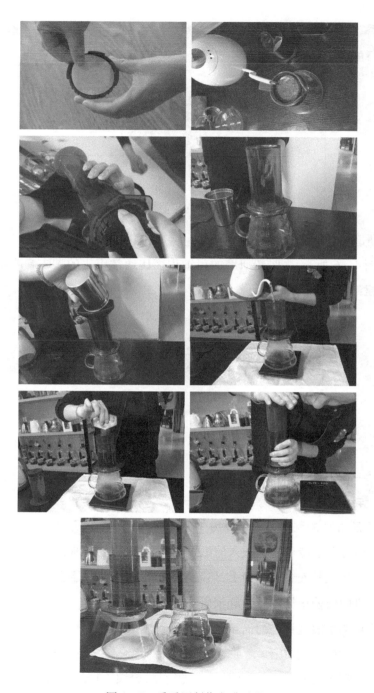

图 4-7 爱乐压制作咖啡过程

服务过程

步骤一：制作完毕后，倒入标准咖啡杯中，放入托盘，同时配置糖包、奶粒球、咖啡勺及餐巾纸。

步骤二：服务人员左手轻托已备好的哥伦比亚咖啡的托盘，稳步走到客人桌前。服务人员要面带微笑，行走过程中要稳要轻。

步骤三：服务人员到客人桌前站稳后，首先将杯垫放在客人桌上（客人的正前方），然后把咖啡杯放在杯垫上，再后把餐巾纸放在客人的右手边，与咖啡杯水平放置距离为1cm。

步骤四：放好之后，服务人员有礼貌地说："这是您点的哥伦比亚咖啡，请慢用。"如客人没有提出其他要求，服务人员可以离开，离开时先退后一步或两步（根据场地的大小），再转身离开。

相关知识

一、咖啡树的生长

咖啡树为茜草科多年生常绿灌木或小乔木，是一种园艺性多年生的经济作物。野生的咖啡树可以长到5～10 m高，但庄园里种植的咖啡树，为了增加结果量和便于采收，多被剪到2 m以下的高度。咖啡树对生的叶片呈长椭圆形，叶面光滑，末端的树枝很长，分枝少，花为白色，开在叶柄连接树枝的基部。

咖啡树的第一次开花期在树龄3年左右，白色的五瓣筒状花朵，飘散着一种淡淡的茉莉花香，花序浓密而成串排列。花瓣会在两三日内凋谢，果实于花开后6～8个月成熟。果实为核果，直径约1.5 cm，最初呈绿色，后渐渐变黄，成熟后转为红色，和樱桃非常相似，因此称为咖啡樱桃（Coffee Cherry），此时即可采摘。咖啡树开花结果如图4－8所示。

图 4 - 8　咖啡树开花结果

二、咖啡的采摘

咖啡的品质,其实在采摘的时候就已经决定了,只有达到了完美的成熟度再去采摘,才能做出上好的咖啡。咖啡豆太生,就会偏酸涩,如果成熟过度也会影响咖啡的风味。咖啡在采摘过程最大的挑战就是地形,因为越是高品质的咖啡一般都生长在海拔比较高的山地,地势陡峭,交通不便。咖啡采摘一般有机械采摘和人工采摘两种形式,人工采摘又分为采光和选采两种形式,如图 4 - 9 所示。

机器采摘效率高,成本也相对较低,但缺点是会采摘下各种成熟度不一的咖啡果,最终很难保证咖啡品质的稳定性。

采光是直接把一根枝头上的所有咖啡果都撸下来,也是各种成熟度的咖啡果都有,不过一般采摘之后会再进行人工筛选。

选采是会进行多次采收,每次都会挑选成熟度一样的咖啡果采收,需要大量的人工,这种方式人工成本非常高,但却可以得到品质高的咖啡豆。

图 4 - 9　咖啡的采摘

检测与反馈

　　小组合作完成爱乐压咖啡技能训练,并按下表要求进行相应的评价。

爱乐压咖啡实训评价表

姓名_____　班级_____　　　　　　　　　综合评价_____

实训项目	权重	实训要点及标准	得分	学生评价	教师评价
咖啡器具准备及材料	10分	按要求准备器具及材料 器具:爱乐压一套、磨豆机、咖啡壶、咖啡杯 材料:咖啡豆、水			
技能操作	50分	1.清洗器具,用口布擦拭干净　　　　　　(5分)			
		2.按照冲煮方案确定水温开始烧水　　　(5分)			
		3.是否打湿滤纸　　　　　　　　　　　(5分)			
		4.研磨度是否细研磨,磨豆前先清理通道粉　(5分)			
		5.压桶是否垂直下压,过程时间20秒内　(5分)			
		6.压桶不建议压到底　　　　　　　　　(5分)			
		7.注水量是否控制在220ml之内　　　　(5分)			
		8.水温是否控制在标准温度范围　　　　(5分)			
		9.清理物品　　　　　　　　　　　　　(5分)			
		10.要求操作程序规范、操作手法熟练　　(5分)			
效果	15分	成品是否达到标准:咖啡液看上去清澈光亮,无杂质,成品清洁美观			
口味	10分	检查咖啡口味是否合适:咖啡的口感苦、酸、醇味道比较适中,有较香的咖啡味道			
全程时间	5分	全程不要超过5分钟			
服务	10分	礼仪规范,服务标准			

任务五

曼特宁咖啡——摩卡壶制作方法

学习目标

你需要了解的知识

了解曼特宁咖啡的相关知识

掌握摩卡壶的冲煮原理

了解咖啡的初加工

你需要掌握的技能

熟练运用摩卡壶制作咖啡

你知道吗？

咖啡中的绅士——曼特宁咖啡

曼特宁咖啡不像其他咖啡，用国家、庄园地区名字命名，它的名字来源于一个误会。曼特宁，本是印度尼西亚一个部落的名字，在二战日本占领印尼期间，一名日本兵在一家咖啡馆喝到香醇无比的咖啡，于是他向店主询问咖啡的名字，老板误以为他是问你是哪里人，于是回答："曼特宁。"战后日本兵回忆起在印尼喝过的"曼特宁"，于是就托印尼咖啡客运了 15 吨到日本，结果大受欢迎，曼特宁的名字就这样传了出来。

如图 5-1 所示，曼特宁咖啡别称"苏门答腊咖啡"，一般产于苏门答腊北部托巴湖周边，生长在海拔 750～1 500 m 的高原山地上，品质较高。苏门答腊岛独特的自然环境，赋予了曼特宁独特的香气与风味。曼特宁味道浓郁，带有甘香，味苦且醇厚，有少许甜味，本身并无过多酸的特性，在长时间保温或制成冰咖啡后，也不会出现酸涩的口感，受到大家的喜爱，更因口味浓重、口感醇厚的特点被称为"咖啡中的绅士"。

在曼特宁中，黄金曼特宁尤其出彩，它与普通的曼特宁有明显的差异。黄金曼特宁是曼特宁中的精品，经过 4 次人工精心挑豆，剔除缺陷豆，生产出颗粒饱满、色泽莹润的黄金曼特宁。

图 5-1　印度尼西亚的咖啡种植

工艺流程

冲煮方法介绍——器具准备——原料选择——详细制作方法

一、冲煮方法介绍

摩卡壶又称意式咖啡壶,是一种意大利传统的咖啡器具,于1933年由意大利人发明。造型典雅别致而多样、操作简单且冲煮快速、体积小而价位合理是摩卡壶的主要特点。摩卡壶不论外观如何设计,内部构造都是大同小异,基本上可以分为上壶、下壶与滤器三部分。如图5-2所示,摩卡壶萃取咖啡是利用加热后下壶内产生蒸气压力(约1.5~3.0大气压的压力),当蒸气压力大到可渗透咖啡粉时,会将热水推至上壶,热水在流往上壶途中会经过滤器中的咖啡粉,十分快速地萃取出咖啡的精华。摩卡壶制作出的咖啡口感浓烈、酸苦兼具,最接近意式浓缩咖啡(Espresso)。

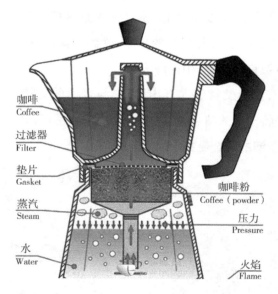

咖啡 Coffee
过滤器 Filter
垫片 Gasket
蒸汽 Steam
水 Water
咖啡粉 Coffee(powder)
压力 Pressure
火焰 Flame

图5-2　摩卡壶及其工作原理

二、器具准备

➢ 摩卡壶

摩卡壶(图5-3)是制作单品咖啡的主要器具之一,它的优点是出品的咖啡温度高、浓度高、快速;缺点是由于其工作原理与高压锅类似,操作不规范会有一定风险。

图5-3　摩卡壶

➢ 摩卡壶咖啡滤纸

摩卡壶咖啡滤纸如图5-4所示。

图5-4　摩卡壶咖啡滤纸

➢ 加热用火源

对摩卡壶加热可选用不同的加热器具,但要求器具必须可以控制火力大小和温度高低,如传统的酒精炉(图5-5)和现代的电磁炉(图5-6)。

图 5 - 5 酒精炉

图 5 - 6 电磁炉

➤ 咖啡量勺

如图 5 - 7 所示,咖啡量勺任务一已详细介绍,此处不再赘述。

图 5 - 7 咖啡量勺

➤ 手冲壶

如图 5 - 8 所示,手冲壶任务一已详细介绍,此处不再赘述。

图 5 - 8 手冲壶

三、原料选择

➤ 中深度烘焙曼特宁咖啡豆(图 5 - 9):15 ~ 20g

曼特宁咖啡有着令人愉悦的酸味,气味香醇,酸度适中,甜味丰富,十分耐人寻味,适合深度烘焙,散发出浓厚的香味。其豆粒甚大,呈黄色或褐色,苦香,酸味不重。产量较少,属高级品,是温和咖啡的代表。

图 5 - 9　曼特宁咖啡豆

➤ 研磨度:细研磨

如图 5 - 10 所示,咖啡粉研磨的粗细程度比通常市售的咖啡粉略细一点,与盐的粗细相当。

图 5 - 10　细研磨

➤ 适量热水

四、详细制作方法

摩卡咖啡的制作方法可分为 10 个步骤,如图 5 - 11 所示。

(1)备器:干净摩卡壶一套、加热工具、滤纸。

(2)注水:在下座注水至泄压阀下。

(3)安装粉杯:不管制作多少分量,粉杯皆应装满。粉杯沿不应有咖啡粉,以免磨伤密封圈。

（4）安装滤纸：打湿的滤纸贴在上座滤网处。

（5）整体安装：注意要拧把手。

（6）加热至有咖啡液流出转小火并侧烧。

（7）关火：听到有咕噜声关火。

（8）焖煮：关火后还需焖煮至咕噜声消失即可。

（9）上桌：因其温度高，应在其底部垫上瓷盘。告知饮用者小心烫伤。

（10）清洁：用水冲凉降压后即可拆开壶体清洁。

图 5-11　摩卡壶制作咖啡过程

服务过程

步骤一：制作完毕后，可以整壶出品，把整壶放入托盘，同时配置咖啡杯、糖包、牛奶或者奶粒、咖啡勺及餐巾纸。

步骤二：服务人员把壶手把处用口布包裹，避免烫伤，放入托盘，稳步走到客人桌前。服务人员要面带微笑，行走过程中要稳要轻。

步骤三：服务人员到客人桌前站稳后，首先把隔热垫放在客人桌上（客人的正前方），然后把整壶咖啡放在隔热垫上，再后把咖啡杯等物品放在客人的右手边，餐巾纸与咖啡杯水平放置距离为1cm。

步骤四：放好之后，服务人员有礼貌地说："这是您点的摩卡壶曼特宁咖啡，请慢用。"如客人没有提出帮忙倒出的要求，服务人员可以离开，离开时先退后一步或两步（根据场地的大小），再转身离开。

相关知识

一、咖啡生豆初加工

采摘的咖啡鲜果为了保证品质，避免二次污染，应尽量在当天完成去皮加工工序（如果温度低，放置一晚上，第二天一早加工亦可），这被称为咖啡生豆初加工或粗加工。初加工最主要采用日晒、水洗两种方式。

（1）如图5-12所示，日晒处理法（Dry Process），即干法处理，是将咖啡鲜果在日光晒场或晒架上摊晒成干果，再用脱壳机除去干果皮以制备咖啡生豆的方法。

（2）如图5-13所示，水洗处理法（Wet Process），也叫湿法处理，是将咖啡果浸泡在水里，除去次品豆和异物，用机器将果肉除去后再放入水中发酵并除去表面黏液，最后通过洗涤、干燥以制备咖啡生豆的方法。

二、咖啡初加工目的

咖啡果采摘后，需经过一系列的处理才能得到商品用咖啡生豆（图

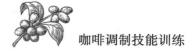

5 – 14），即咖啡豆。

咖啡生豆是指已除去银皮的干咖啡种子的商品名。

图 5 – 12　日晒处理法

图 5 – 13　水洗处理法

图 5 – 14　咖啡生豆

检测与反馈

　　小组合作完成摩卡壶咖啡技能训练,并按下表要求进行相应的评价。

摩卡壶咖啡实训评价表

姓名＿＿＿＿＿＿　班级＿＿＿＿＿＿　　　　　　　综合评价＿＿＿＿＿＿

实训项目	权重	实训要点及标准	得分	学生评价	教师评价
咖啡器具准备及材料	10分	按要求准备器具及材料 器具:摩卡壶、电磁炉、咖啡杯、咖啡勺 材料:咖啡豆、水			
技能操作	50分	1. 摩卡壶底部是否擦拭干净　　　　　　　　(5分)			
		2. 底壶加水是否在安全阀之下　　　　　　　(5分)			
		3. 粉杯是否装满　　　　　　　　　　　　　(5分)			
		4. 装粉后粉杯边缘是否整理干净,不可有粉　(5分)			
		5. 上座是否旋紧,否则加热后会漏气　　　　(5分)			
		6. 冲煮完毕后不可碰触壶身,避免烫伤　　　(5分)			
		7. 是否在没有听到沸腾声音后,用口布裹住壶把手撤下　　　　　　　　　　　　　　　(5分)			
		8. 放置顾客面前要先放隔热垫　　　　　　　(5分)			
		9. 清理物品　　　　　　　　　　　　　　　(5分)			
		10. 要求操作程序规范、操作手法熟练　　　　(5分)			
效果	15分	成品是否达到标准:咖啡液看上去清澈光亮,无杂质,成品清洁美观			
口味	10分	检查咖啡口味是否合适:咖啡的口感苦、酸、醇味道比较适中,有较香的咖啡味道			
全程时间	5分	全程不要超过5分钟			
服务	10分	礼仪规范,服务标准			

任务六

科纳咖啡
——比利时皇家咖啡壶制作方法

学习目标

◉ **你需要了解的知识**

了解科纳咖啡的相关知识

掌握比利时皇家咖啡壶的冲煮原理

了解咖啡的后加工

◉ **你需要掌握的技能**

熟练运用比利时皇家咖啡壶制作咖啡

你知道吗?

最美咖啡豆——夏威夷科纳咖啡

夏威夷的风景十分迷人,而种植在夏威夷科纳地区的咖啡也有着美丽的外表。科纳咖啡,种植在夏威夷的科纳地区,"Kona"在夏威夷语中的意思为"岛屿背风或干燥的一侧",那里一般被称为"科纳咖啡带"。科纳咖啡种植于火山斜坡上,凭借着肥沃的土壤,有充足的降雨与日照量,气候条件适宜,加上农民的精细化管理,科纳咖啡成为咖啡市场上的精品。

科纳咖啡的特别之处在于,每颗咖啡果实都是由人工精心挑选采收的,这样可以确保只有品质好的咖啡果实能被加工为咖啡豆,从而保证了咖啡豆的品质。科纳咖啡有着美丽的外表,甚至有着"世界上最美的咖啡豆"之称(图6-1)。独特的种植环境与人工细心栽培,科纳咖啡的咖啡果实异常饱满,豆形圆润且色泽鲜亮,与其他咖啡豆外表有一定的差异。

而除了外表美丽,科纳咖啡还有更迷人的地方。从风味上来说,它的酸味均衡适度,口感温润顺滑,香醇无比,还有着丰富的香气,兼有葡萄酒香和水果香、香料香,清新甜味,让人念念不忘。

图6-1 科纳咖啡豆

工艺流程

冲煮方法介绍——器具准备——原料选择——详细制作方法

一、冲煮方法介绍

比利时皇家咖啡壶(图6-2),又名维也纳皇家咖啡壶或平衡式塞风壶,由英国造船师傅 James Napier 发明。不仅外观精美、华丽,而且工作原理奇特,是19世纪中期欧洲各国皇室的御用咖啡壶。由于其造型美观、独特,制作过程极具观赏性,故多被咖啡营业场选为桌前服务或制作高品质咖啡的专用器具。

图6-2　比利时皇家咖啡壶

二、器具准备

➢ 比利时皇家咖啡壶

如图6-3所示,比利时皇家咖啡壶是一套全自动咖啡冲煮器具,装好粉与水,通过虹吸与热胀冷缩以及整壶设计的杠杆原理,自动冲煮咖啡。它的缺点是由于与咖啡粉接触时间太短,导致萃取不充分,口味偏淡。

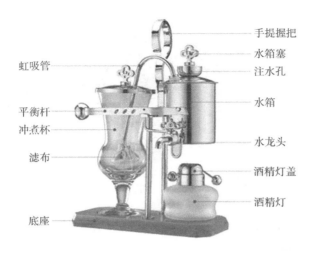

图 6 - 3　比利时皇家咖啡壶构造

> 手冲壶

如图 6 - 4 所示,手冲壶任务一已详细介绍,此处不再赘述。

图 6 - 4　手冲壶

三、原料选择

> 中度烘焙的科纳咖啡豆:40g

科纳咖啡味道香浓、甘醇,且带有一种葡萄酒香、水果香和香料香的混合香味,风味极特殊。

> 研磨度:细研磨

如图 6 - 5 所示,咖啡粉的研磨粗细程度比通常市售的咖啡粉略细一点,与盐的粗细相当。

图 6 - 5　细研磨

➤ 适量热水:400ml

四、详细制作方法

比利时皇家咖啡的制作方法可以分为 8 个步骤,如图 6 - 6 所示。

(1)备器:比利时皇家咖啡壶一套,酒精充足的酒精灯。

(2)放置好水箱,关闭水龙头。用手冲壶加热水 400ml 至水箱,旋紧水箱塞防止漏气。

(3)放入研磨好的咖啡粉 40g 至冲煮杯。

(4)固定好虹吸管,压紧硅胶防止漏气现象。

(5)压下平衡杆,打开酒精灯盖,轻放平衡杆让水箱卡住酒精灯盖,点燃酒精灯。

(6)自动煮制中。

(7)完成回吸后打开排气阀即可打开水龙头饮用咖啡。

(8)清洁。

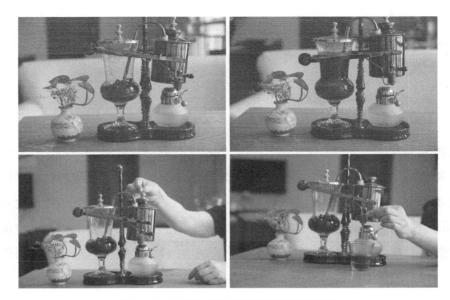

图6-6 比利时皇家咖啡壶制作咖啡过程

服务过程

步骤一：制作完毕后，可以整壶出品放置客人面前，同时配置咖啡杯、咖啡勺、糖包、牛奶或者奶粒球及餐巾纸。

步骤二：服务人员左手轻托已备好的咖啡放入托盘，稳步走到客人桌前。服务人员要面带微笑，行走过程中要稳要轻。

步骤三：服务人员到客人桌前站稳后，首先将整壶咖啡放在客人桌上（客人的正前方），然后把咖啡杯放在杯垫上，再后把餐巾纸放在客人的右手边，与咖啡杯水平放置距离为1cm。

步骤四：放好之后，服务人员有礼貌地说："这是您点的科纳咖啡，请慢用。"如客人没有提出帮忙倒出的要求，服务人员可以离开，离开时先退后一步或两步（要根据场地的大小），再转身离开。

相关知识

一、咖啡烘焙——咖啡豆的后加工

咖啡烘焙（Coffee Roasting，图 6 –7 ）就是通过对生豆的加热，促使咖啡生豆内外部发生一系列物理和化学反应，并在此过程生成咖啡的酸、苦、甘等多种味道，形成醇度和色调，将生豆转化为褐色原豆的过程。合理的烘焙可以将不同咖啡生豆的个性发挥到极致而最大限度减少缺陷味道的出现，反之不当的烘焙则会完全毁掉好的咖啡豆。由于烘焙过程中受热、时间以及温度的控制非常难以把握，烘焙是一项很复杂的技术，对形成咖啡风味起着重要作用。咖啡的烘焙程度分为 3 种：浅烘焙、中烘焙、深烘焙。

图 6 –7　咖啡烘焙

二、咖啡的烘焙程度

从烘焙程度来看，烘焙程度越深苦味越重；烘焙程度越浅，酸味越浓。如图 6 –8 所示，美国精品咖啡协会（SCA）制定出一套烘焙标准，总共有 8 个等级的烘焙程度：极浅烘焙、浅烘焙、浅中烘焙、中烘焙、中深烘焙、深烘焙、重烘焙、极度深烘焙。市面上常见的是3种烘焙程度:浅度烘焙、中度烘焙、深度烘焙。浅度烘焙有丰富的水果调性,带有酸甜的花果酸香气息,能感受到较强的酸质。中度烘焙有坚果调性,主要是焦糖、可可、麦芽的气息。深度烘焙带有一点巧克力的苦韵,酸味较低,焦糖香浓,有辛香料、木质、炭烧味。

图6-8　咖啡烘焙度

检测与反馈

小组合作完成单品综合咖啡技能训练,并按下表要求进行相应的评价。

比利时皇家咖啡壶制作方法实训评价表

姓名_____ 班级_____　　　　　　　　　　　综合评价_____

实训项目	权重	实训要点及标准	得分	学生评价	教师评价
咖啡器具准备及材料	10分	按要求准备器具及材料 器具:比利时皇家咖啡壶、咖啡杯、咖啡勺 材料:咖啡豆、水			
技能操作	50分	1.比利时皇家咖啡壶制作时,是否先加入粉再将虹吸管放入冲煮杯内　　　　　　　(10分)			
		2.虹吸管是否插紧水箱,加热时是否会漏气(10分)			
		3.水箱加水量是否合适　　　　　　　(10分)			
		4.冲煮完毕打开水龙头时,是否先旋开水箱塞　　　　　　　　　　　　　　(10分)			
		5.清理物品　　　　　　　　　　　(5分)			
		6.要求操作程序规范、操作手法熟练　(5分)			
效果	15分	成品是否达到标准:咖啡液看上去清澈光亮,无杂质,成品清洁美观			
口味	10分	检查咖啡口味是否合适:咖啡的口感苦、酸、醇味道比较适中,有较香的咖啡味道			
全程时间	5分	操作过程不要超过5分钟			
服务	10分	礼仪规范,服务标准			

云南铁皮卡咖啡
——越南滴滤壶制作方法

学习目标

你需要了解的知识

了解云南小粒咖啡

掌握越南滴滤壶的冲泡原理

了解咖啡豆的选购知识

你需要掌握的技能

熟练运用越南滴滤壶制作咖啡

云南小粒咖啡

咖啡起源于非洲,发祥于美洲,兴盛于欧美,100多年前传入亚洲。在中国南方有很多地区的土壤和气候也适合咖啡的生长,具有咖啡种植的理想环境。目前中国咖啡的主要产地是云南,云南咖啡的种植历史,可追溯到1892年。一位法国传教士从境外将咖啡种带进云南,并在云南省宾川县的一个山谷种植成功。目前,云南全省咖啡种植面积占全国咖啡种植面积的70%,产量占全国咖啡总产量的83%,无论是从种植面积和咖啡豆产量来看,云南咖啡已确立了其在中国的主导地位。

云南小粒咖啡(图7-1)浓而不苦,香而不烈,稍带果味,风味独特,在国际市场很受欢迎,被评定为咖啡中的上品。

图7-1　采摘云南咖啡

冲煮方法介绍——器具准备——原料选择——详细制作方法

一、冲煮方法介绍

越南咖啡缘起于20世纪初期法国非常盛行的滴滤咖啡,随着法国与越南的殖民关系而引入越南。越南沿袭欧洲人的习惯,采用深度烘焙的咖啡豆(通常在烘焙后加入奶油调味),并逐渐形成了自己特有的咖啡文化。越南咖啡的制作是用一种特殊的滴滤咖啡壶,并习惯在玻璃杯里放入适量的炼乳,也可加入冰块,让咖啡直接滴在冰块上,做成一杯口味香醇的越南冰咖啡(图7-2)。

图7-2　越南滴滤壶咖啡制作

二、器具准备

➤ 越南滴滤咖啡壶

如图7-3所示,越南滴滤咖啡壶结构简单,由3部分组成:

(1)外套。下面有一层金属筛,中间有颗螺丝。

(2)压板。中间有个螺母,可以跟外套的螺丝拧在一起把咖啡粉压实。

(3)盖子。

图7-3　越南滴滤壶及其结构

➤ 手冲壶

如图7-4所示,手冲壶任务一已详细介绍,此处不再赘述。

图7-4　手冲壶

三、原料选择

➤ 中度烘焙的云南铁皮卡咖啡豆:10g(水粉比为1:12~1:20)

如图7-5所示,云南铁皮卡咖啡豆外形为椭圆形,从侧面看豆身扁薄,铁皮卡咖啡豆两端有些微翘。咖啡味道浓而不苦、香而不烈,醇香浓郁,且带有果味。

图7-5　云南铁皮卡咖啡豆

➤ 研磨度:细研磨

如图7-6所示,咖啡粉的研磨粗细程度比通常市售的咖啡粉略细一点,与盐的粗细相当。

图7-6　细研磨

➤ 90℃热水:120ml

➤ 炼乳(图7－7):20g

图7－7　炼乳

四、详细制作方法

越南滴滤壶咖啡制作的方法可分为8个步骤,如图7－8所示。

(1)将越南滴滤壶分解开,圆形压板取出准备使用。

(2)咖啡杯中倒入炼乳20g。

(3)细研磨的10g咖啡粉倒入滴滤壶中。

(4)将咖啡粉略抖平后,装上圆形压板,略转紧即可,勿压太紧,压得过紧会导致咖啡滴得太慢甚至滴不出来。

(5)滴滤壶置于咖啡杯上端,手持手冲壶从上方倒入120ml热水。

(6)盖上盖子,静置数分钟。滴滤中途请勿搅拌,以避免细粉受扰动掉落杯中影响口感。

(7)滴滤完毕移开滴滤壶。

(8)清洁。

图 7 - 8　越南滴滤壶制作过程

服务过程

　　步骤一：越南滴滤壶制作时，可以整壶出品放置客人面前，同时配置咖啡勺及餐巾纸。

　　步骤二：服务人员左手轻托已备好的整壶咖啡放入托盘，稳步走到客人桌前。服务人员要面带微笑，行走过程中要稳要轻。

　　步骤三：服务人员到客人桌前站稳后，首先整壶咖啡放在客人桌上（客人的正前方），然后把咖啡杯放在杯垫上，再后把餐巾纸放在客人的右手边，与咖啡杯水平放置距离为1 cm。

　　步骤四：放好之后，服务人员有礼貌地说："这是您点的越南咖啡，请慢用。"如客人没有提出帮助倒出要求，服务人员可以离开，离开时先后退一步或两步（根据场地的大小），再转身离开。

咖啡豆的选购步骤

一、看

　　如图7-9所示，如果是购买单品咖啡豆，就随手抓取一小把咖啡豆，看看每颗咖啡豆的颜色是否一致，颗粒大小是否平均，形状是否一样，以免买到以混豆伪装的劣质品。但如果是综合豆，大小、色泽不同则是正常现象。

　　另外，强火、中深度烘焙制作出来的咖啡豆会出油。若浅焙度的豆子出油，则表示已经变质，其不仅香醇度降低，而且制作出的咖啡会出现涩味和酸味。

图7-9　看豆

二、闻

如图 7 – 10 所示,闻闻豆子是否有咖啡豆的香气。如果有则代表咖啡豆够新鲜;如果香气很微弱,甚至已经出现类似花生放久后的油腻味,则说明豆子已经完全不新鲜,用这种咖啡豆制作咖啡不管花多少心思都不可能煮出好咖啡。

图 7 – 10　闻豆

三、剥

用手将咖啡豆剥开,若很容易剥开且伴有脆耳的声音,则说明豆子很新鲜;反之若很费力才能剥开,则说明豆子已经不新鲜了。

如图 7 – 11 所示,剥开后可以看看烘焙的程度是否均匀。如果均匀的话,咖啡豆的表皮和里层颜色是一样的,如果表层颜色比里层颜色深很多,则说明烘焙的火气可能过大,这也会影响咖啡豆的香气和口感。

图 7 – 11　剥豆

四、嚼

挑选的时候,最好拿一两颗豆子放在嘴里嚼一嚼,如果豆子很脆,嚼起来清脆有声,则表示豆子没有受潮;除此之外还能令你溢齿留香,那就是上品。

检测与反馈

　　小组合作完成越南滴滤壶制作咖啡技能训练,并按下表要求进行相应的评价。

越南滴滤壶实训评价表

姓名_____　　班级_____　　　　　　　　　综合评价_____

实训项目	权重	实训要点及标准	得分	学生评价	教师评价
咖啡器具准备及材料	10分	按要求准备器具及材料 器具:越南滴滤咖啡壶、冰滴咖啡壶、咖啡杯、咖啡勺、手冲壶、滤纸 材料:咖啡豆、水、炼乳			
技能操作	50分	1.越南滴滤壶加粉是否平整　　　　　(10分)			
		2.粉不可压得过紧　　　　　　　　　(10分)			
		3.滴滤壶操作时是否轻拿轻放　　　　(10分)			
		4.粉杯下部是否装滤器　　　　　　　(10分)			
		5.清理物品　　　　　　　　　　　　(5分)			
		6.要求操作程序规范、操作手法熟练　(5分)			
效果	15分	成品是否达到标准:咖啡液看上去清澈光亮,无杂质,成品清洁美观			
口味	10分	检查咖啡口味是否合适:咖啡的口感苦、酸、醇味道比较适中,有较香的咖啡味道			
全程时间	5分	操作过程不要超过10分钟			
服务	10分	礼仪规范,服务标准			

意大利浓缩咖啡
——半自动意式咖啡机制作方法

学习目标

◎ **你需要了解的知识**

　　了解意大利咖啡的相关知识

　　掌握意式浓缩咖啡的冲煮原理

　　了解意式磨豆机相关知识

◎ **你需要掌握的技能**

　　熟练运用意式咖啡机制作咖啡

你知道吗?

1901年意大利米兰工程师贝瑟拉(Luigi Bezzera)发明了蒸汽压力咖啡机,后经不断改进,成为现在市场上普遍使用的意式半自动咖啡机(图8-1)。意式半自动咖啡机原理是采用高压蒸汽和水的混合物快速穿过咖啡层,瞬间萃取出咖啡。意式半自动咖啡机使咖啡制作正式进入了一次一杯快速萃取的时代。这种方法制作出的意大利浓缩咖啡(Espresso)温度很高,咖啡因等杂质的含量很低,并且上面漂浮一层红棕色的泡沫——咖啡油脂(Crema),口感浓郁。

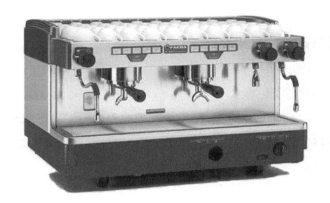

图8-1　意式半自动咖啡机

工艺流程

冲煮方法介绍——器具准备——原料选择——详细制作方法

一、冲煮方法介绍

Espresso因为意式咖啡机的产生而产生,为意大利文,本意为快速,中文译为意大利浓缩咖啡。这种咖啡入口时略微苦涩、香味醇厚、油脂丰富、口感细腻,十分刺激味蕾,饮下片刻后会感觉微甜,回味无穷。

简单说,Espresso是用7g左右新鲜的咖啡粉,使用92℃左右的水在9Bar

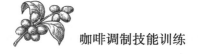
左右的压力下,通过20～30秒的时间萃取得到一杯约20～30ml的咖啡饮料,这杯咖啡的表面应该覆盖有一层红棕色的泡沫(图8-2)。

图8-2　意大利浓缩咖啡

二、器具准备

➢ 意式半自动咖啡机

➢ 意式专用磨豆机

Espresso 需要很细的研磨度,咖啡粉的颗粒程度与细白砂糖相当,需要用意式专用磨豆机(图8-3)来完成,在调整研磨粗细度时,只要旋转研磨刻度盘即可。

图8-3　意式专用磨豆机

➢ 压粉器

如图8-4所示,应选择大小刚好符合咖啡手柄滤网大小的压粉器,且压粉器的长度和手握部分的直径要合适。

图8-4　压粉器

➢ 意大利浓缩咖啡杯

意大利浓缩咖啡杯(图8-5)杯壁较厚,这样可以更好地保持温度,从杯口到底部越来越窄,这样的杯型在咖啡萃取时,可以很好地保留咖啡油脂度。意大利浓缩咖啡杯容量一般为50~80ml。

图8-5　意大利浓缩咖啡杯

➢ 渣桶

如图8-6所示,渣桶一般为不锈钢材质,中间有一橡胶挡板,专用来磕掉咖啡手柄内萃取过的咖啡粉饼,橡胶挡板有保护咖啡手柄的作用。

图 8 - 6　渣桶

三、原料选择

➤ 意大利综合咖啡豆(图 8 - 7):每杯 7g

意大利综合咖啡豆简称意式咖啡豆。它将多个品种的咖啡豆根据配方一起进行意式深度烘焙,从而得到全面平衡的芳香口味。

图 8 - 7　意大利综合咖啡豆

➤ 研磨度:极细研磨

如图 8 - 8 所示,咖啡粉研磨的粗细程度与细白砂糖大致相当。

图8-8　极细研磨

四、详细制作方法

意式半自动咖啡机咖啡的制作方法可分为8个步骤,如图8-9所示。

(1)确定咖啡机供水正常后,将咖啡机电源打开,使咖啡机预热,并把两个过滤把手挂在咖啡机冲煮头上。等待大约20分钟,半自动咖啡机预热完成。

(2)将当日所需用量的咖啡豆倒入研磨机豆缸,剩余的咖啡豆重新密封包装,放在干燥的室温环境下保存。

(3)为确保能够做出高品质的咖啡饮品,在做咖啡前打开出咖啡机开关,从两个龙头各放出约5盎司(约142g)的水,并从两边的蒸汽管和热水管各放出一些蒸汽和热水,使咖啡机再充分加热10分钟。

(4)打开研磨机电源研磨咖啡豆,不要一次磨出过量的粉,以免咖啡粉香味丧失。

(5)过滤把手接好合适的粉量,用手或者压粉器使粉铺平,再将压粉器大头的一端垂直向下把粉压结实。

(6)把滤网边缘残留的粉拭去,先打开出咖啡机开关,放出3秒钟的热水,然后再将过滤把手挂在冲煮头上往右转并锁紧。

(7)从机器上部的温杯板上取咖啡杯放在冲煮头的出水口处,按面板上相应的萃取键。

(8)咖啡做好后转下手柄将咖啡渣磕入渣桶,用毛刷或洁净的抹布把滤网抹干净,将过滤把手重新轻扣上冲煮头预热保温。

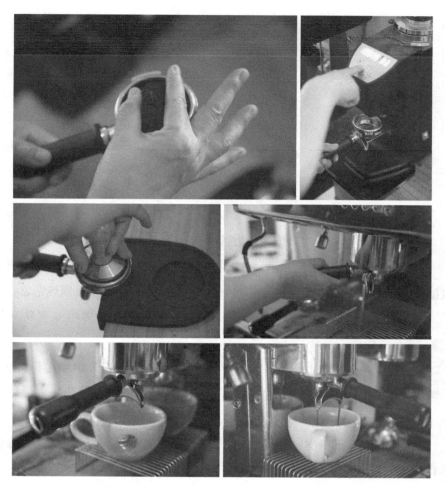

图8-9 意式半自动咖啡机制作意大利浓缩咖啡过程

服务过程

步骤一:制作完毕后,将制作好的意式浓缩咖啡放入托盘,同时配置糖包、咖啡勺及餐巾纸。

步骤二:服务人员左手轻托已备好的浓缩咖啡的托盘,稳步走到客人桌前。服务人员要面带微笑,行走过程中要稳要轻。

步骤三：服务人员到客人桌前站稳后，首先将杯垫放在客人桌上（客人的正前方），然后把咖啡放在杯垫上，再后把餐巾纸放在客人的右手边，与咖啡杯水平放置距离为1cm。

步骤四：放好之后，服务人员有礼貌地说："这是您点的Espresso，请慢用。"如客人没有提出其他要求，服务人员可以离开，离开时先退后一步或两步（根据场地的大小），再转身离开。

相关知识

由于意式半自动咖啡机萃取咖啡是采用高温、高压、快速萃取的方式，故其对咖啡粉研磨度有特殊的要求。如果磨豆机研磨不够细，那么会导致咖啡萃取不足；如果研磨不匀，会导致萃取不匀。一般磨豆机只能把咖啡粉磨成较粗颗粒，同时磨粉也不能做到很均匀。而意式专用磨豆机能够很均匀地把咖啡豆研磨成幼粉状（具一定颗粒感），故意式半自动咖啡机旁都会配有一台专用磨豆机。

意式专用磨豆机按刀片分类大致可分为两类：一类是平板式刀片磨豆机（图8-10），一类是锥形刀片磨豆机（图8-11）。

图8-10　平板式刀片磨豆机

图8-11　锥形刀片磨豆机

检测与反馈

　　小组合作完成意式浓缩咖啡技能训练,并按下表要求进行相应的评价。

意式浓缩咖啡实训评价表

姓名_____　　班级_____　　　　　　　　　　综合评价_____

实训项目	权重	实训要点及标准	得分	学生评价	教师评价
咖啡器具准备及材料	10分	按要求准备器具及材料 器具:意式咖啡机、意式磨豆机、咖啡杯等 材料:意式咖啡豆			
技能操作	40分	1. 准备:台面清洁是否到位　　　　　　　(5分)			
		2. 抹布:抹布是否混用　　　　　　　　　(5分)			
		3. Espresso 萃取时间是否正确　　　　　(5分)			
		4. Espresso cream 色泽　　　　　　　　(5分)			
		5. Espresso 容量是否达标　　　　　　　(5分)			
		6. 磨豆:粉量要求,磨豆机粉仓有无余粉　(5分)			
		7. 清理物品　　　　　　　　　　　　　　(5分)			
		8. 要求操作程序规范、操作手法熟练　　　(5分)			
效果	15分	成品是否达到标准:出品清洁美观,cream 持久度在1分钟内			
口味	15分	检查咖啡口味是否合适:咖啡的口感苦、酸、醇味道比较适中,有较香的咖啡味道			
全程时间	10分	全程不要超过3分钟			
服务	10分	礼仪规范,服务标准			

经典花式咖啡
——卡布奇诺咖啡制作方法

—————— 学习目标 ——————

你需要了解的知识

了解卡布奇诺咖啡相关知识

掌握奶泡制作原理

了解咖啡豆的保管方法

你需要掌握的技能

熟练运用意式半自动咖啡机制作奶泡

认识卡布奇诺咖啡

卡布奇诺一词起源于1525年意大利的圣芳济教会。教会的修士身穿褐色道袍,头戴一顶尖尖的帽子,当地人觉得圣芳济教会的修士服饰很特殊,就给他们取"Cappuccino"这个名字,含义是"头巾"。

20世纪初期,意大利发明蒸汽压力咖啡机的同时,也发明了卡布奇诺咖啡(Cappuccino),即意大利浓缩咖啡和蒸汽泡沫牛奶相混合的一款花式咖啡。如图9-1所示,这款看起来边缘深褐色,又有尖尖奶泡的咖啡,很像圣芳济教会修士的服饰,于是起名为卡布奇诺。

1948年,旧金山一家报纸报道了流行在意大利的这款卡布奇诺咖啡,从此它就成为耳熟能详的经典花式咖啡。

图9-1　卡布奇诺咖啡

工艺流程

冲煮方法介绍——器具准备——原料选择——详细制作方法

一、冲煮方法介绍

卡布奇诺咖啡是由$\frac{1}{3}$意式浓缩咖啡、$\frac{1}{3}$牛奶和$\frac{1}{3}$奶泡混合而成的。卡布奇诺咖啡又因倒入奶沫的状态不同分为传统卡布奇诺咖啡(图9-2)和拉花卡布奇诺咖啡(图9-3)。传统卡布奇诺咖啡适合干奶沫制作,干奶沫的存在状态是奶沫和牛奶已经分离开来;拉花卡布奇诺咖啡适合湿奶泡制作,湿奶泡的存在状态是牛奶的气泡和牛奶的液体混合在一起。

图9-2　传统卡布奇诺咖啡　　　　图9-3　拉花卡布奇诺咖啡

二、器具准备

➢ **意大利咖啡机**

如图9-4所示,意式半自动咖啡机任务八已详细介绍,此处不再赘述。

图9-4　意式半自动咖啡机

➢ 意式专用磨豆机

如图 9 - 5 所示,意式专用磨豆机任务八已详细介绍,此处不再赘述。

图 9 - 5　意式专用磨豆机

➢ 载杯:150 ~ 190ml 瓷杯(图 9 - 6)

图 9 - 6　咖啡杯

➢ 拉花缸

如图 9 - 7 所示,需要 300 ml 或 600 ml 不锈钢拉花杯两个。

图 9 - 7　咖啡拉花杯

三、原料选择

➤ 意大利综合咖啡豆(图9-8)

图9-8 意大利综合咖啡豆

➤ 全脂纯牛奶:200 ml

四、详细制作方法

卡布奇诺咖啡的制作方法可分为5个步骤(意式浓缩咖啡的制作任务八已详细介绍,此处不再赘述),如图9-9所示。

(1)先制作好一杯意式浓缩咖啡,表面Crema颜色棕红色。

(2)打发奶泡,厚度约2~3 cm。

(3)奶泡理想温度为62~68 ℃。

(4)将打好的奶泡融合在咖啡里。

(5)口感柔和平衡。

图9-9　拉花卡布奇诺的制作过程

服务过程

步骤一：制作完毕后，将卡布奇诺咖啡放入托盘，同时配置糖包、咖啡勺及餐巾纸。

步骤二：服务人员左手轻托已备好的卡布奇诺咖啡的托盘，稳步走到客人桌前。服务人员要面带微笑，行走过程中要稳要轻。

步骤三：服务人员到客人桌前站稳后，首先将杯垫放在客人桌上（客人的正前方），然后把咖啡杯放在杯垫上，再后把餐巾纸放在客人的右手边，与咖啡杯水平放置距离为1cm。

步骤四：放好之后，服务人员有礼貌地说："这是您点的卡布奇诺，请慢用。"如客人没有提出其他要求，服务人员可以离开，离开时先退后一步或两步（根据场地的大小），再转身离开。

咖啡豆的保存

咖啡豆的保存,要求干燥、密闭、低温和避光。

(1)存放烘焙后的咖啡豆最佳环境是隔绝氧气、干燥、阴暗和无味的地方。烘焙过的咖啡豆保质期大大缩短,只有 5 ~ 6 个月,但最佳赏味期一般是15 ~ 30 天。

(2)已开封的咖啡豆需要用密封罐(图 9 – 10)、真空罐或有单向排气阀的不透光的容器(图 9 – 11)进行封存,放在阴凉干燥的地方保存即可。

(3)未开封的咖啡豆可以放进冰箱里,温度降低可以减慢咖啡豆的氧化速度,也适合保存在阴凉、通风良好,温度在 18 ~ 22 ℃的环境中。

(4)研磨过的咖啡粉因为与空气接触的表面积较大,较容易氧化、受潮使其风味锐减,因此尽量在制作咖啡之前再研磨咖啡粉。

图 9 – 10　不锈钢密封罐　　　图 9 – 11　单向阀包装袋

检测与反馈

小组合作完成卡布奇诺咖啡技能训练,并按下表要求进行相应的评价。

卡布奇诺咖啡实训评价表

姓名_____ 班级_____ 综合评价_____

实训项目	权重	实训要点及标准	得分	学生评价	教师评价
咖啡器具准备及材料	10分	按要求准备器具及材料 器具:意式咖啡机、意式磨豆机、拉花缸等 材料:意式咖啡豆、全脂纯牛奶			
技能操作	50分	1. 准备:台面清洁是否到位　　　　　　　(5分)			
		2. 抹布:抹布是否混用　　　　　　　　　(5分)			
		3. Espresso 萃取时间是否正确　　　　　　(5分)			
		4. Espresso cream 色泽　　　　　　　　　(5分)			
		5. Espresso 容量是否达标　　　　　　　　(5分)			
		6. 磨豆:粉量要求,磨豆机粉仓有无余粉　(5分)			
		7. 牛奶:是否选择全脂牛奶以及奶量　　　(5分)			
		8. 奶泡:奶泡是否反光发亮,粗细度　　　(5分)			
		9. 温度:牛奶打发温度是否标准　　　　　(5分)			
		10. 卡布奇诺整体融合　　　　　　　　　(5分)			
效果	15分	成品是否达到标准:外观是否饱满,传统卡布奇诺与拉花卡布奇诺的美观度			
口味	10分	检查咖啡口味是否合适:咖啡的口感苦、酸、醇味道比较适中,咖啡味与奶香融合完美			
全程时间	5分	一杯全程不要超过5分钟			
服务	10分	礼仪规范,服务标准			

经典花式咖啡
——维也纳咖啡制作方法

学习目标

⚙ **你需要了解的知识**

了解维也纳咖啡

掌握维也纳咖啡配方

了解咖啡品鉴知识

⚙ **你需要掌握的技能**

熟练制作维也纳咖啡

维也纳咖啡的故事

传说在一个寒冷的夜晚,一名维也纳敞篷马车的车夫坐在舞场门口喝着咖啡。舞场里音乐悠扬,贵妇人香汗淋漓地跳着华尔兹,他侧耳可以听见她的喜悦,但她的喜悦却不是因为他。他知道,她是他的主人,她在他的心里无比崇高,她是他不可触碰的神灵。很多时候,他安慰自己,这就像她跳的华尔兹,华尔兹的英文原意是旋转,所以也叫圆舞,顾名思义,这是一种只要不停地跳下去,最终会回到起点的舞蹈。他想,即使她在跳舞,也在不停地旋转,遇见形形色色的舞伴,可最终她会回到他的身边,由他载着疲惫的她回家。想到这里,他可以稍许释然。车夫默默喝了一口咖啡,继续坐在那里等待。其实他也知道,叫他等的人,是永远不会喜欢上他的。他所喝的,依据地名叫维也纳咖啡,其实也是一杯叫作"绝望等待的咖啡"。正是因为维也纳咖啡(Viennese)是车夫爱因·舒伯纳发明的,因此此也被称为"单头马车咖啡"。雪白的鲜奶油上,洒落缤纷七彩米,扮相非常漂亮;隔着甜甜的巧克力浆、冰凉的鲜奶油啜饮滚烫的咖啡,更是别有风味。

图 10-1 维也纳街头咖啡馆

工艺流程

冲煮方法介绍——器具准备——原料选择——详细制作方法

一、冲煮方法介绍

将打发好的鲜奶油倒入咖啡 8 分满的咖啡杯中,淋上巧克力酱,洒上七彩米即可。品尝维也纳咖啡最大的技巧在于不搅拌,而是享受杯中三段式的快乐:首先是冰凉的奶油,柔和爽口;然后是浓香的咖啡,润滑微苦;最后是甜蜜的糖浆,即溶未溶,带给客人发现宝藏般的惊喜。

二、器具准备

➢ 虹吸壶

如图 10－2 所示,虹吸壶任务三已详细介绍,此处不再赘述。

图 10－2　虹吸壶

➢ 电动式咖啡研磨机

如图 10－3 所示,电动式咖啡研磨机任务二已详细介绍,此处不再赘述。

图 10 – 3　磨豆机

➤ 咖啡杯(图 10 – 4)

图 10 – 4　咖啡杯

三、原料选择

➤ 热咖啡一杯(图 10 – 5)

将虹吸壶刚制作出来的咖啡倒进咖啡杯后,温度下降到 80 ℃左右,维也纳咖啡制作完成后,咖啡的温度会下降到 50 ~ 55 ℃左右,此时咖啡的口感最好,也是饮用热咖啡最佳温度。

图 10 - 5　热咖啡

➢ 打发奶油适量(图 10 - 6)

要完美的打发奶油,首先要检查材料,要确保淡奶油的脂肪含量至少在 30% 以上,最理想的是 35% 以上,一般在市售淡奶油的外包装上都会有说明,在使用奶油前应轻轻摇晃均匀后再进行打发。其次要保持低温,要保证奶油在低温状态下打发,奶油打发前的温度不应高于 13℃。第三要高速打发,无论手动还是电动打蛋棒,一定要快速搅拌奶油,这样空气才能进入,并且奶油也不会在室温内回温过高。最后添加糖、食物香精等调味品不要过早。维也纳咖啡淡奶油和糖按照 10：1 打发,打发到出现清晰纹路即可。

图 10 - 6　打发奶油

➢ 巧克力七彩米

如图 10 - 7 所示,巧克力七彩米又称为巧克力针,用以食品的装饰,可以起到调色、美化的作用。

图 10 - 7   巧克力七彩米

> 巧克力糖浆适量

如图 10 - 8 所示,巧克力糖浆本身是液体,不需要加热溶化,使用方便,一般使用在咖啡、冰激凌和蛋糕等甜品上,用以增加甜品的香醇。

图 10 - 8   巧克力糖浆

> 糖包(图 10 - 9)

图 10 - 9   糖包

四、详细制作方法

维也纳咖啡的制作方法可分为 4 个步骤(虹吸壶制作咖啡任务三已详细介绍,此处不再赘述),如图 10 - 10 所示。

(1)先用虹吸壶制作热咖啡。

(2)在温热的咖啡杯中撒上一层薄薄的砂糖,将做好的咖啡倒入咖啡杯中约 8 分满。

(3)将打发的奶油以旋转的方式加入咖啡表面。

(4)将巧克力糖浆淋在奶油上,最后撒上巧克力七彩米。

图 10 - 10　维也纳咖啡制作过程

服务过程

步骤一:制作完毕后,将客人点的维也纳咖啡放入托盘,同时配置咖啡勺及餐巾纸。

步骤二：服务人员左手轻托已备好咖啡的托盘,稳步走到客人桌前。服务人员要面带微笑,行走过程中要稳要轻。

步骤三：服务人员到客人桌前站稳后,首先将杯垫放在客人桌上(客人的正前方),然后把咖啡杯放在杯垫上,再后把餐巾纸放在客人的右手边,与咖啡杯水平放置距离为1cm。

步骤四：放好之后,服务人员有礼貌地说:"这是您点的维也纳咖啡,请慢用。"如客人没有提出其他要求,服务人员可以离开,离开时先退后一步或两步(根据场地的大小),再转身离开。

什么是单品咖啡和花式咖啡

单品咖啡就是用原产地出产的单一咖啡豆磨制后制作且饮用时一般不加奶或糖的纯正咖啡,如蓝山咖啡、巴西咖啡、哥伦比亚咖啡等。一般一杯单品咖啡的容量约为120~250 ml之间。

花式咖啡是指加入了调味品以及其他饮品的咖啡。加入的其他原料包括牛奶、巧克力糖浆、酒、茶、奶油等,如维也纳咖啡、拿铁咖啡(图10-11)、皇家咖啡、卡布奇诺咖啡、玛奇朵咖啡(图10-12)等。一般一杯花式咖啡的容量约为200~300ml之间。

图10-11 会跳舞的拿铁咖啡

图10-12 焦糖玛奇朵

检测与反馈

小组合作完成维也纳咖啡技能训练,并按下表要求进行相应的评价。

维也纳咖啡实训评价表

姓名_____　班级_____　　　　　　　综合评价_____

实训项目	权重	实训要点及标准	得分	学生评价	教师评价
咖啡器具准备及材料	10分	按要求准备器具及材料 器具:虹吸壶、咖啡杯 、咖啡勺 材料:单品咖啡一杯、奶油、糖包、巧克力糖浆、七彩米等			
技能操作	50分	1. 虹吸壶制作咖啡　　　　　　　　　(10分)			
		2. 咖啡杯温杯且咖啡适量　　　　　　(10分)			
		3. 挤奶油手法　　　　　　　　　　　(10分)			
		4. 清理物品　　　　　　　　　　　　(10分)			
		5. 要求操作程序规范、操作手法熟练　(10分)			
效果	15分	成品是否达到标准:咖啡液看上去清澈光亮,无杂质,成品清洁美观			
口味	10分	检查咖啡口味是否合适:咖啡的口感苦、酸、醇味道比较适中,有较香的咖啡味道			
全程时间	5分	全程不要超过10分钟			
服务	10分	礼仪规范,服务标准			

经典花式咖啡——皇家咖啡制作方法

学习目标

◉ 你需要了解的知识

了解皇家咖啡的相关知识

掌握皇家咖啡的配方

了解咖啡的品鉴

◉ 你需要掌握的技能

熟练制作皇家咖啡

你知道吗？

皇家咖啡的故事

　　据说这是法国皇帝拿破仑最喜欢的咖啡,故以"Royal"为名。1812年拿破仑远征俄罗斯,冬季行军至俄罗斯的极寒之地,异常艰苦,为了御寒,拿破仑就让士兵在咖啡里放上他最喜欢的法国白兰地酒,没想到咖啡分外醇香,于是这种咖啡做法就流传开来,并成为保留至今的一款经典的花式咖啡——皇家咖啡。这款咖啡的最大特点是调制时在方糖上淋上白兰地酒,饮用时再将白兰地点燃,当蓝色的火苗舞起,白兰地的芳醇与方糖的焦香,再加上浓浓的咖啡香,苦涩中略带着丝丝的甘甜,将法兰西的高傲与浪漫完美地呈现出来。

图 11-1

工艺流程

　　冲煮方法介绍——器具准备——原料选择——详细制作方法

一、冲煮方法介绍

皇家咖啡是一种含酒精的咖啡,它是在咖啡中调入白兰地制成的。将咖啡煮好后倒入咖啡杯中,将皇家咖啡勺架在咖啡杯上,放上方糖,在方糖上倒入白兰地酒并点燃,为客人进行火焰展示。

二、器具准备

➢ 咖啡滤杯、滤纸(图 11 – 2)

图 11 – 2　咖啡滤杯和滤纸

➢ 分享壶

如图 11 – 3 所示,分享壶任务一已详细介绍,此处不再赘述。

图 11 – 3　分享壶

➢ 电动式咖啡研磨机

如图 11 – 4 所示,电动式咖啡研磨机任务二已详细介绍,此处不再赘述。

图 11 - 4　电动式咖啡研磨机

➢ 欧式咖啡杯

如图 11 - 5 所示,配合皇家咖啡的起源,皇家咖啡通常使用欧式咖啡杯。

图 11 - 5　欧式咖啡杯

➢ 皇家咖啡勺

如图 11 - 6 所示,皇家咖啡勺与一般的咖啡勺不同,多出一个小舌头,目的是架在咖啡杯上起到固定的作用。

图 11 - 6　皇家咖啡勺

➢ 盎司杯

如图 11 – 7 所示,盎司杯是用来度量液体体积的量器,1 盎司 = 28.35ml 。

图 11 – 7　盎司杯

三、原料选择

➢ 热咖啡

如图 11 – 8 所示,咖啡的最佳饮用温度,冬季 60 ~ 65 ℃,夏天 55 ~ 63 ℃。

图 11 – 8　热咖啡

➢ 白兰地酒

如图 11 – 9 所示,白兰地是用发酵过的葡萄汁液,经过两次蒸馏而成的。其酒精度在国际上的一般标准是 42° ~ 43°。世界上产自法国的白兰地最为著名。

图 11 – 9　白兰地酒

➤ 方糖(图 11 – 10)

图 11 – 10　方糖

四、详细制作方法

皇家咖啡的制作方法可分为 4 个步骤,如图 11 – 11 所示。

(1)用手冲式方法制作咖啡(具体制作方法任务一已详细介绍,此处不再赘述)并倒入皇家咖啡杯约 8 分满。

(2)将皇家咖啡勺架在装有热咖啡的咖啡杯上,将方糖放在咖啡勺上。

(3)将 0.5 盎司(OZ)的白兰地酒淋在方糖上,并让方糖充分吸收。

(4)点燃方糖上的白兰地,待其燃烧结束后再将皇家咖啡勺在热咖啡中搅拌。

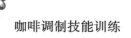

图 11 - 11　皇家咖啡制作流程

 **服务过程**

步骤一：皇家咖啡制作具有很强的观赏性，可以在客人餐桌上制作。

步骤二：制作完成后，服务人员将杯垫放在客人的正前方，然后把咖啡放在杯垫上，再把餐巾纸放在客人的右手边，与咖啡杯水平放置距离为1cm。

步骤三：放好之后，服务人员有礼貌地说："这是您点的皇家咖啡，请慢用。"如客人没有提出其他要求，服务人员可以离开，离开时先退后一步或两步（根据场地的大小），再转身离开。

相关知识

咖啡的品鉴

一、舌头的味觉分布

品鉴咖啡，首先就用舌头去感受咖啡多层次的味道。舌头上的味蕾所感受的味觉可分为酸、甜、苦、咸，而舌头的不同部位则用来感受不同的味道。如图 11 - 12 所示，舌尖主要用于品甜，舌侧主要用于品酸和咸，而舌根主要用于品苦。

图 11-12　舌头味觉分布图

二、杯品程序

咖啡杯品主要分为 6 个步骤。

（1）赏豆：观赏咖啡豆的外形和颜色。

（2）研磨：按要求把适量的咖啡豆研磨成合适的磨粉度,倒入 150ml 左右杯中,并品闻咖啡粉香气。

（3）冲泡：把适当温度的热水入杯并混合计时,品闻咖啡液香气。

（4）漱口：清洁口腔。

（5）品尝：啜饮,用舌头感受,用鼻腔体会。

（6）填表：评价结论。

三、品鉴内容

咖啡品鉴的内容主要包括 3 个方面。

（1）气味：用嗅觉器官分辨咖啡液中的鲜花味、蔬菜味、杏仁味、焦味、泥土味、化学药品味、木头味、烟草味、酸败味或腐烂味等。

（2）品味：咖啡喝下后,感觉咖啡香味浓厚度情况及有无涩味等。

（3）口感：咖啡喝下后,口腔舌头感受咖啡味道。

四、评价

如图 11-13 所示,咖啡具有果味、酸味、甜味、鲜花味、浓厚度等,这些气味越浓则质量越好。烟草味、木头味等气味属不愉快的气味,影响咖啡豆的质量。而化学药品味、泥土味以及发酵过度的酸败味或腐烂味称为异味,会

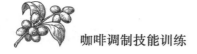

严重降低咖啡的质量。

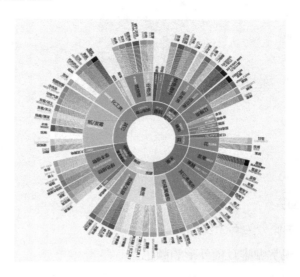

图 11 - 13　咖啡风味轮

五、品尝规则

参与杯品人数至少 3 人,多则 4~5 人。杯品要求在明亮、通风、清洁、无异味的环境中进行。

检测与反馈

小组合作完成皇家咖啡技能训练,并按下表要求进行相应的评价。

皇家咖啡实训评价表

姓名_____　班级_____　　　　　　　　综合评价_____

实训项目	权重	实训要点及标准	得分	学生评价	教师评价
咖啡器具准备及材料	10 分	按要求准备器具及材料 器具:滤杯、滤纸、皇家咖啡杯、皇家咖啡勺、磨豆机、盎司杯等 材料:咖啡豆、白兰地、方糖等			

续表

实训项目	权重	实训要点及标准		得分	学生评价	教师评价
技能操作	50分	1. 手冲式方法制作咖啡	（10分）			
		2. 皇家咖啡制作	（20分）			
		3. 清理物品	（10分）			
		4. 要求操作程序规范，操作手法熟练	（10分）			
效果	20分	成品是否按照标准配方制作，成品清洁美观，皇家咖啡火焰美观				
口味	10分	白兰地芳香、咖啡醇香和方糖的焦香融合是否完美				
全程时间	5分	全程不要超过10分钟				
服务	5	礼仪规范，服务标准